儿童财商故事系列

钱是什么

曹葵 著

四川科学技术出版社
·成都·

图书在版编目（CIP）数据

儿童财商故事系列. 钱是什么 / 曹葵著. -- 成都 ：四川科学技术出版社，2022.3（2025.6重印）
ISBN 978-7-5727-0277-8

Ⅰ. ①儿… Ⅱ. ①曹… Ⅲ. ①财务管理－儿童读物 Ⅳ. ①TS976.15-49

中国版本图书馆CIP数据核字（2021）第185478号

儿童财商故事系列 · 钱是什么

ERTONG CAISHANG GUSHI XILIE • QIAN SHI SHENME

著　　者　曹　葵

出 品 人　程佳月
策划编辑　汲鑫欣
责任编辑　王双叶
特约编辑　杨晓静
助理编辑　潘　甜
监　　制　马剑涛
封面设计　侯茗轩
版式设计　林　兰　侯茗轩
责任出版　欧晓春
内文插图　浩馨图社
出版发行　四川科学技术出版社
成都市锦江区三色路238号　邮政编码：610023
官方微博：http://weibo.com/sckjcbs
官方微信公众号：sckjcbs
传真：028-86361756
成品尺寸　160 mm × 230 mm
印　　张　4
字　　数　80千
印　　刷　天宇万达印刷有限公司
版　　次　2022年3月第 1 版
印　　次　2025年6月第 4 次印刷
定　　价　18.50元
ISBN 978-7-5727-0277-8
邮购：成都市锦江区三色路238号新华之星A座25层　邮政编码：610023
电话：028-86361758

目录

主要人物介绍

小亦

咚咚的妹妹，喜欢思考，
行动力强，善于沟通

咚咚

古灵精怪，好奇心强，
想法多，勇于尝试

咚爸

性格温和，
有耐心，
非常理解孩子

咚妈

脾气有些急，
但有爱心，
理解并尊重孩子

当世界上没有钱的时候

嗨，小朋友们，我是你们的朋友咚咚。你们都知道钱的用途吧？在我们这个世界上，我们的衣、食、住、行都离不开钱。我们的爸爸妈妈用钱买了房子、汽车、食物、衣服……我们用压岁钱买了糖果、书本、玩具……而今天，我要带你们去一个没有钱的世界看一看。

没有钱也能吃美食、穿新衣服、去游乐场、和家人旅行，所有人都过着轻松、愉悦的生活……如果这一切都是真的，那该有多好啊！

其实，在几千年前的原始社会中，真的不需要钱！

那时候，人们过着野蛮而豪放不羁的生活，靠山就打猎，靠水就捕鱼，吃的是生肉，喝的是生水，住的是山洞。学会钻木取火后，人们就经常吃烧烤，好自在啊！

可是，人们经常打不到猎物，没有食物吃，饥一顿饱一顿的，于是开始开荒种地，过上日出而作、日落而息的农耕生活。渐渐地，人们的一切吃穿用度都能自给自足，小日子是越过越富裕了。

但是，人们还是有很多烦恼，比如种大米的张三想吃面食了，种小麦的李四想吃大米了，养鸡的王五想吃鸭肉了……这时该怎么办？

互通有无，互惠互利

为了满足自己的愿望，人们绞尽脑汁，想出了一个以物易物的方法。

李四问：“张三，我想吃米饭，能用小麦换你的大米吗？”

张三一听，拍手笑道：“好啊，我正想吃面食呢！”

于是他们商议了一下，李四用一袋小麦换了张三的一袋大米，交易就这样完成了！

这事之后，张三开了窍，高兴地说：“以后我想吃什么、想要什么，就用大米和别人交换。”后来，他用大米换了羊、牛、鸡、鸭、布匹等，日子过得有滋有味。大家羡慕极了，都学着张三的样子和邻居们做起交易来，互通有无，互惠互利。

部落首领们知道这个情况后，直接在部落里设立了市场。市场中午开市，下午散市，村民们可以在市场里以物易物，尽情交易，换取自己需要的物品。他们这种交易，才是真正意义上的“没有中间商赚差价”呢！

以物易物虽然方便，但存在一个严重的问题：交换物品的价值不均等。比如，一张兽皮换几个果子，一只羊只换一袋米……在现代的我们看来绝对是赔本的买卖。

当时的人们也意识到了这个问题，为了公平起见，他们对以物易物进行了升级。给大家举个例子吧！

有个工匠想得到两只山羊，于是就对猎人甲说：“我给你一把斧头，你给我两只山羊怎么样？”

猎人甲一听，使劲儿摇头说：“这太不公平了，我不愿意。”

工匠又去找了猎人乙、猎人丙……可是所有人都拒绝了他。

工匠琢磨了半天，觉得应该增加一点儿筹码。于是他又找到猎人甲，说：“我给你一把斧头外加一头小猪，你给我两只山羊，怎么样？”

猎人甲还是不满意，头摇得像拨浪鼓一样，不同意这种交换方法。

两个人讨价还价半天，最终达成协议：工匠用两把斧头、一只小猪来换猎人甲的两只山羊。

这种交易方法的确公平了很多，但是花费的时间太长了！于是人们思考，能不能找一个让大家都满意的中间交换品呢？

后来，人们发现，如果有一种物品是大家都比较喜欢的，并且有一定的价值，大家就先把自己想要交换出去的东西换成这个物品，然后用这个物品从他人手中换自己需要的东西就容易多了。这种用于交换的中间物品就是一般等价物。一般等价物不是钱，但可以当钱花。

成为一般等价物的物品必须满足两个条件：第一，方便携带；第二，社会需求多。

动物皮毛曾荣幸地登上过一般等价物的宝座，因为一到冬天，人们只能靠皮草大衣来御寒。一块动物皮毛能换很多粮食和野味呢！

可是到了夏天，天气炎热，动物皮毛就不再受宠了，布匹又成为一般等价物。到了青黄不接的时候，粮食又成了一般等价物。由于种种原因，牛、羊、石器工具等都充当过一般等价物。

一般等价物随着季节的不同而改变，这还不算什么，更麻烦的是，区域不同，一般等价物也不同。东村人把粮食当“钱”，西村人却把牛、羊当宝贝，只隔一条河的两个村就像两个世界。

这是为什么呢？因为一般等价物的价值太不稳定了。

人们寻寻觅觅，一直在寻找价值更稳定的一般等价物。

第2章

可爱的贝壳居然是最早的钱币

嗨，又是我——咚咚。我最喜欢去海边了，在海边，我们除了能玩金灿灿的沙子外，还能看到各种各样的贝壳呢！它们的样子千奇百怪，有的像蜗牛，有的像扇子，还有的像阿拉丁的神灯……有人说，贝壳是大海的珍宝，海水把它们送到沙滩上，就是希望我们把它们拾起来，细心呵护和收藏。

贝壳不但是大海的珍宝，也是我们人类的珍宝。在很久很久以前，贝壳还被人类当作钱币用来买东西呢！那个时候，贝壳就像现在的黄金、白银一样珍贵。

在原始社会，人类还没有钱的概念。想要一头牛，就用两只羊去和别人交换；想要一袋米，就用一袋面去交换。可是后来，人们想要的东西越来越多，这种以物易物的交换方式太麻烦了，那人们该怎么办呢？

这时，有人发现了贝壳。

有个渔民一直生活在海边，他每天只做两件事——打鱼和捡贝壳。打鱼可以填饱肚子，捡贝壳能让他开心。这些贝壳五颜六色、形状各异，他爱不释手。后来，他专门挑拣了一些坚硬的贝壳，在贝壳上打磨出小孔，然后用绳子穿起来，做成项链挂在脖子上，漂亮极了！

那个时候还没有金属，在贝壳上打孔可不是件容易的事情！渔民把石头磨得尖尖的，做成石器工具，然后小心翼翼地在心爱的贝壳上打磨出小孔。做这些事情花费了他太多的时间和精力，所以他一直把这些贝壳视为珍宝。

有一天，一个猎人看见渔民脖子上的贝壳项链，羡慕极了，于是就对渔民说："我能用猎物交换你的贝壳项链吗？"

渔民想了想，说：“可以倒是可以，只是你愿意用多少猎物和我交换呢？”

猎人说：“用一只野兔做交换怎么样？”

渔民听后摇了摇头，觉得有点儿吃亏，打磨一串贝壳项链需要一整天的时间呢！于是他就提议说：“就用你一天所打的猎物换我一天打磨的贝壳吧。”

猎人觉得很合理，于是他们就达成了协议。这就是等价交换。

后来，很多人开始用东西来换贝壳，也有人用贝壳去换自己想要的东西。渐渐地，贝壳就充当了一般等价物。

为了成为富人，很多穷人就去海边“淘金”——捡贝壳。

有一家人从很远的地方来到海边，他们每天不停地捡贝壳，把捡到的贝壳装了一袋又一袋、一船又一船，可是几年过去了，他们还是很穷。

这一天，他们又把捡到的贝壳运到集市上交易。一个打磨贝壳的工匠走了过来，对他们说：“你们的贝壳不值钱！”说完，他指了指自己脖子上戴的贝壳项链，说：“这样的贝壳才值钱。”

这家人仔细看了看，终于明白了：只有钻了孔的齿贝才值钱。

齿贝（海贝的一种）大都存在于东海、南海的岩礁之间，为了找到它们，这家人走遍了海滩，在岩礁之间翻来覆去地找，却只找到为数不多的几个小齿贝。他们沮丧极了，成为富人的梦想破灭了，只好收拾行囊，回家乡种地去了。

所以，虽然海滩上贝壳遍布，但大多数贝壳不能成为货币。

我们国家现在的钱币是用“元”作为单位来计算的，那么当时贝币用什么作为单位来计算呢？说出来大家一定会很惊讶，贝币是用“朋”作为单位来计算的。贝、朋两字常常连在一起使用。“朋”字原本是这么写的：[illegible]，它看起来就像两串贝壳。

那么，一“朋”到底有多少个贝壳呢？有人说是两贝为一朋，也有人说是十贝，说法不一。

在商朝时期，贝壳的地位堪比现在的黄金、钻石。中国第一位女将军——商王武丁的妻子——妇好的墓中就有近 7000 枚贝币，这是一笔十分巨大的财富。

到了商朝晚期，商品经济发达，人们的生活富裕，需要更多的贝币用于消费。可是在内陆地区，贝币的数量太少了，根本就供不应求。

不过，这也难不倒聪明的古人，他们用其他材料代替贝壳，仿照贝币制作了各种钱币，例如陶贝、骨贝、石贝、玉贝等。这些钱币中最珍贵的就是玉贝，玉贝的数量极少，一般只有达官贵人才有。

贝币不但促进了中国古代经济的发展，还对我们的文化、风俗等有深远的影响。以汉字为例，很多与钱、财富有关的文字都含有“贝”字，例如财、货、贾、贫、费、贿、贪等。

第3章

奇形怪状的铜钱和铁钱

小朋友们，你们去过古玩市场吗？我和家人去过一次，那里展示着形形色色的古代玩意儿，有玉佩、青铜器皿、瓷器、名人书画等。我还在那里看到一种圆圆的、中间有个小方孔的钱币，爸爸妈妈说，那是古人用的钱币——铜钱或者铁钱。下面就请大家和我一起来认识下这些古老的钱币吧！

这种圆形方孔的金属钱币经历过很多朝代，它们烙印着我们中华文明的历史！

那么，这些金属钱币是如何而来的？又是如何代替贝币成为通行的钱币的呢？

当时，贝币太稀少了，即便人们发明了骨贝、石贝等来缓解其数量的不足，但它们的缺点太多，很难流行起来。

就在这时，人们发明了青铜。在商周时期，青铜这种金属非常抢手：官员们用它做玺印，练武的人用它做刀剑，有钱人用它做杯盘、乐器，等等。

贝币因为数量不太充足，且容易损坏，于是有人提出：既然青铜可以造出来，并且价值较高，还不易损坏，那么不如用青铜造成贝币的样子当作贝币用吧。

后来，铜贝真的代替了贝币，成为钱币界的“大哥”。

西周末年，人们为了抢地盘儿而不停地打仗，到处兵荒马乱，人们不再喜欢铜贝、骨贝等，而更喜欢由金属炼制的，形状像刀、铲等的工具。不过，用金属工具买东西很麻烦，还要称重、鉴定金属成色等。

到了春秋战国时期，各国纷纷使出妙招，用金属制成了迷你版的刀、铲等，成色、重量相对统一，又十分小巧，用起来很方便。

春秋战国时期，最流行的货币有四种：布币、刀币、环钱和蚁鼻钱。

布币是像铲子一样的青铜币，主要流通于赵、魏等国。

刀币是形状像刀的青铜币，分为大刀和小刀。大刀主要在齐国流通，所以又叫齐刀；小刀则深受燕、赵等国人民的喜爱。

环钱就是我们常见的圆形方孔钱的前身，环钱钱币中间的小孔多为圆形，在魏、秦等国比较流行。

蚁鼻钱是楚国一带使用的钱币，椭圆形，正面凸起，背面平，上面的文字看起来就像蚂蚁歇于鼻尖，所以叫作蚁鼻钱。又因为整个钱币看起来像人脸，所以又叫“鬼脸钱”。

秦始皇统一六国称帝后，做了一件非常霸气的事情：统一货币。他宣布，全国上下必须废掉之前通用的刀币、布币、环钱等钱币，只能用他指定的半两钱。

半两钱为圆形方孔，钱上刻着“半两”两个字。为什么是半两呢？因为按照当时的计量单位来算，一两重二十四铢（约16.14 克），一枚铜钱重十二铢，正好是半两。

秦始皇统一货币后，各地的人们出远门走亲戚、游玩时，再也不用担心钱币不通用的问题了，随身携带着半两钱，使用时非常方便。

半两钱深入人心，甚至影响了我们中国 2000 多年的货币发展史。后来我国各个朝代使用的钱币，大都是半两钱的变身。

西汉就沿用了半两钱，但是重量从十二铢减到八铢、三铢、一铢，到后来汉武帝更是直接废除了半两钱，开始发行五铢钱。

所谓五铢钱，就是圆形方孔钱上有“五铢”两个字，钱币的重量也变成了五铢。五铢钱的地位可不一般，它一直被沿用到唐朝，寿命长达 700 多年。

南北朝时期，皇帝们开始把自己的年号铸在钱币上，各种年号钱纷至沓来。例如，汉兴年间发行了“汉兴钱”，孝建年间发行了“孝建五铢”，太和年间发行了“太和五铢”等。

到了唐朝，唐高祖不但改用年号钱，还废除五铢钱，发行通宝钱——“开元通宝”。从此，钱币的名字和它的重量就不再那么亲密了，钱币不再代表它本身的价值，而只是一个货币符号，就像我们现在的人民币。

宋元以后，通宝钱的地位基本稳定了。各朝皇帝都发行通宝钱，例如北宋时期的“太平通宝”、金朝的“大定通宝”、元朝的“至正通宝”、明朝的“洪武通宝”、清朝的“乾隆通宝”等。民国时期云南等省还发行过“民国通宝”呢！

除了铜钱，我国古代还有用铁铸的钱币，就是铁钱。铁钱在中国非常特殊，它曾经断断续续地在各朝各代被使用了五六百年！

有人问：“已经有铜钱了，古人为什么还要造铁钱呢？”

因为货币市场生病了！

铁钱最早出现于汉代，并不是官方发行的钱币，而是某些人偷偷摸摸铸造的。铁钱虽然和铜钱长得一样，但价值较低。

两宋时期，铁钱的发行量特别大，四川等地区的百姓甚至只用铁钱。但是铁钱的价值非常低廉，买一匹锦就要花两万枚铁钱，这么多铁钱实在太重了！人们带着铁钱逛街真是太麻烦了！

清朝末期也出现过铁钱。太平天国运动爆发后，南方的铜无法运到北方，朝廷没办法铸造铜币，就用铁钱来充数。不过在百姓们的抗议之下，铁钱几年后就消失了。

通行全世界的黄金和白银

小朋友们，我给你们讲个故事吧：700 多年前，欧洲的旅行家马可·波罗来中国游玩，被中国的繁荣景象惊呆了。他回到家乡后逢人就说，在遥远的东方有个中国，那里遍地是黄金！欧洲人听了马可·波罗的话后，做梦都想到中国赚钱发财，这也成了西方“航海时代”发展的动力之一。黄金、白银的魅力这么大，我们一起见识见识吧！

1492 年，一个名叫哥伦布的冒险家在西班牙女王的资助下，率领船队从欧洲出发，直奔中国而来。

那个时候科技不够发达，航海是件非常冒险的事情，一不小心就会船翻人亡。为什么哥伦布要冒这么大的风险，穿越浩瀚无边的大西洋呢？

原来，哥伦布是受到了金银的诱惑！

古时候的中国真的是黄金遍地吗？

马可·波罗没有说谎，地大物博的中国的确盛产黄金。

早在商朝末年，中国人就已经开始使用黄金了。战国时期，楚国就流通了一种名叫“爰金”的金币。秦始皇统一货币时一共发行了两种货币：上币和下币。下币是铜钱，而上币就是黄金。后来我国历朝历代都发行过金币，有方形的、圆形的、条形的、马蹄形的等。

中国古代的黄金多到什么程度呢？举两个简单的例子：据说，在西汉时期，卫青将军立了战功，汉武帝一高兴，直接奖励他大量黄金；新朝的创建者王莽结婚时，仅婚礼就花费了数万斤*黄金，真的是挥金如土呢！

---

* 新朝时，1 斤约合 250g 或 220g，无确切说法。

既然我们有“遍地”的黄金，为什么当时老百姓还要用低廉的铜钱呢？因为那时铜钱就能满足老百姓的日常开销。

古代各个时期，铜钱在民间流通最广，其次是银币，倘若铜钱不够花，可以用银币来补充。早在秦朝以前，银布币就已经出现了，只是较少流通。到了元朝，各种银锭才逐渐流行起来。我们现在常见的银锭是清朝的，有三种：宝银、中锭和锞子。宝银长得像马蹄，重五十两；中锭呈锤形或者马蹄形，重约十两；锞子长得像小馒头，重量从一两到五两不等。所以，根本不需要黄金“抛头露面”。黄金很贵重，只有贵族才有实力使用。

当时，与中国相比，欧洲每年的黄金产量确实不多。为了得到更多的黄金，欧洲各国频频拜访非洲的黄金海岸，用盐和非洲人交换黄金。非洲盛产黄金，但盐紧缺。当时非洲人开价："一斤盐能换一斤黄金！"所以，即便从欧洲去黄金海岸需要经过气候恶劣的撒哈拉大沙漠，欧洲人依然毫不畏惧。

欧洲虽然缺乏黄金，但白银非常丰富，德国、奥地利等国境内遍布银矿。早在古希腊时期，银币就已经在欧洲非常流行了。古希腊时期的亚历山大大帝就曾经用很多白银铸币奖励士兵们。

丰富的银矿让白银成为欧洲人的主要货币。古希腊人铸造的银币非常漂亮！例如“猫头鹰银币”，正面铸有智慧女神雅典娜的头像，背面铸有猫头鹰的图案，栩栩如生。古希腊时期，银币在地中海一带非常受欢迎。

铜币也曾在欧洲出现过，但是只在穷困的地区流通。在有些国家，铜币很低廉，100 个铜币只能换一个银币，所以在商品经济发达的城市，铜币根本就上不了台面。

后来，欧洲各国的商品经济发展得越来越好，对金银的需求也越来越大。当大需求碰上小产量，矛盾就会一触即发，欧洲各国也因此而争吵不休，战乱不断。为了解决“钱荒”问题，欧洲一些国家的统治者积极支持海外探险活动，希望获得海外财富。

所以，哥伦布冒险来东方不是为了旅游，也不是为了学习，而是为了寻找财富！

哥伦布相信地球是圆的，认为只要一直往西走，肯定能到中国。他和船员们在大西洋中航行了两个多月，斩杀了无数“水妖海怪”，战胜了无数台风、海啸之后，终于看到了陆地。

“东方、中国、黄金，我们来了！”其实，他们找到的不是中国，而是位于中国和欧洲中间的美洲大陆。

虽然没有到达东方，但他们这一趟并没有白跑，因为美洲也有大量金矿、银矿。后来，欧洲各国的人纷纷来到美洲大陆，他们干了很多坏事：杀害土著居民，抢夺他们的地盘儿和金银。

人们之所以疯狂地抢夺金银，就是因为几乎所有的国家都把金银当作货币。为什么金银会成为全世界人民的“宠儿”呢？

因为金银质地坚硬，便于储存，而铜、铁等金属容易生锈。生锈的铜币、铁币很难看，重量也会发生变化。

此外，金银数量适中，不像铜、铁那么多，价值比较稳定。所以，在古代，很多国家都不约而同地把金银作为主要货币。

马克思说过：“金银天然不是货币，但货币天然是金银。”意思是说，金银本来不是货币，但它们天生就是当货币的料。

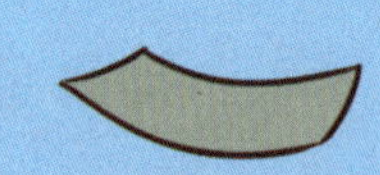

纸币出现了

大家都知道，我们现在用的钱是花花绿绿的纸币，不但外观好看，还方便携带，让我们在购物时省了不少事呢。最让我们骄傲的是，中国是世界上最早使用纸币的国家！大家跟着我看一看中国纸币的发展史吧！

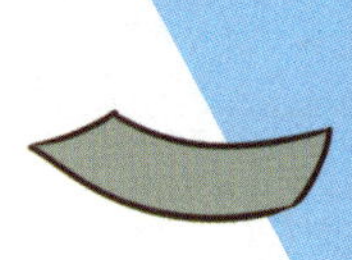

我们的纸币是怎么来到这个世界上的呢？简而言之，是被“钱荒”给逼出来的！

故事发生在北宋时期的益州，也就是现在的四川成都。当时益州的商品经济非常繁荣，在白银和黄金都不普遍流通的情况下，低廉的铁钱迅速风靡益州。

铁钱解了益州的燃眉之急，却给商人们带来了很大的麻烦。因为铁钱太便宜了，不适用于大宗商品贸易，商人们每次去进货时，都要拉好几马车的铁钱，太麻烦了！

于是，他们主持了交子的发行，交子其实也不是纸币，而是一张兑换证明。如果有客人来商户存了 1000 文钱，商户的老板就给客人一张写有“1000 文钱”的交子，客人需要用钱时，就拿着交子来兑换铁钱。于是，商人们抛弃笨重的铁钱，直接把交子当钱花。

当时的交子还没有“实名制”，谁都能拿着交子来取钱。

在商人的引领下，益州的老百姓们也爱上了交子，用它来买米、买菜、买衣、买布等。

这就是世界纸币之祖——交子。

这些商户的老板见交子这么受欢迎，就联合几个大财主成立了专门发行交子的铺户，并取名为“交子铺”(或称“交子户”)。很快，交子铺就流行于整个益州，并渐渐扩展至其他城市。

交子只是一张薄薄的纸，为什么会得到老百姓的信任呢?

原因有三点：第一，交子是纸质的，携带方便；第二，交子有特殊的防伪记号，一般人无法抄袭、伪印；第三，交子是商户发行的，这些商户财力雄厚，值得信任。

交子铺中也有坏人，有的铺户圈了钱就人间蒸发了；有的铺户私自挪用公款，导致客户取不出钱；有的铺户为了赚钱，肆无忌惮地向外发行交子，导致交子满天飞，价值就像铁钱一样低廉。

这件事引起了北宋朝廷的注意，为了平息益州的“金融风暴”，朝廷出面接管了交子的发行。公元 1023 年，朝廷在益州设立“交子务”，派专人管理交子的发行，官交子应运而生。这是中国最早的官方纸币。

官交子最初只在四川发行，后来拓展到陕西、湖南、广西、浙江等地，反响不错。再后来朝廷又收回官交子，发明了一种新的纸币——钱引，并在全国发行。

钱引比交子制作精良，但是只有流通功能，不能兑换钱币，而且政府可以随意增发。北宋末期，国内战争频发，国库空虚。于是朝廷采用了一种新举措：多多印发钱引。后来，由于钱引的大量发行，其价值迅速大跌，如同废纸，从此钱引失去民心。

到南宋时期，朝廷又发行了新的纸币——会子。

会子刚发行时深得民心，促进了国家商品经济的发展。但是好景不长，偏安一隅的南宋朝廷奢侈浪费，花钱如流水。加上每年都要向金朝进贡，朝廷财政入不敷出，于是又故伎重施，疯狂地增发会子，导致会子也变成了废纸。

宋朝百姓见纸币没有价值，就偷偷收藏铜钱，许多人家的地下都埋着铜钱。因此，我们现代的考古学家们发现一个奇象：宋朝的遗址中铜钱一挖就是好几吨！

宋朝把白纸升级为纸币，又让纸币在流通过程中降级为白纸。怎么会这样呢？因为纸币的流通依赖国家的信用，而宋朝政府缺乏信用，纸币自然就沦为普通白纸。

同时期的金朝也发行了自己的纸币——交钞。交钞长得和钱引十分相像，最初只在黄河以南流通，后来扩展至全国。金朝还用交钞给官员发工资呢。不过，金朝也犯了大量发行纸币的错误，导致纸币贬值。后来蒙古灭金，交钞就消失了。

元朝也有自己的纸币——中统钞。元朝政府还宣布：国内只能统一用纸币，铁钱、铜钱等金属货币通通不许用。

因此，纸币在元朝得到了大发展。

元朝初期，中统钞的币值比较稳定，信用很高，国内的百姓随时随地都能使用和兑换。中统钞不但在国内流通，还流传到亚洲许多国家，古代的印度、日本等国都抢着模仿中统钞发行自己的纸币。

不过，元朝统治者十分好战，动不动就发动战争，没几年就把国库花空了。于是，元朝又走了宋朝、金朝的老路——加印纸币，让原本价值稳定的中统钞变得一文不值。

明朝政府建立后也发行过纸币——大明通行宝钞（简称宝钞）。宝钞是当时中国最大的纸币，长约 36.4 厘米，宽约 22 厘米。宝钞在发行初期也很受欢迎，但由于明朝中期政府无节制地发行，宝钞也很快就贬值了，失去了民心。

清朝发行的纸币很多，例如顺治年间的钞贯，咸丰年间的户部官票和大清宝钞，清末宣统年间的大清银行兑换券和各种钞券。清朝的纸币外形统一、面额恰当，还加了编号，比之前出现的纸币规范了很多。不过最后都因为政府过分加印而迅速贬值，失去信用，消失在历史长河中。

清朝灭亡后，军阀混战，国内政治动荡不安，货币市场乱成一锅粥。直到 1948 年 12 月 1 日，中国人民银行成立，开始发行纸币。我国发行的纸币就是人民币。

至今，国家先后发行了五套人民币。

中国的纸币经过近千年的发展，如今已经可以跨越国界流通，在世界货币中的地位不可小觑。

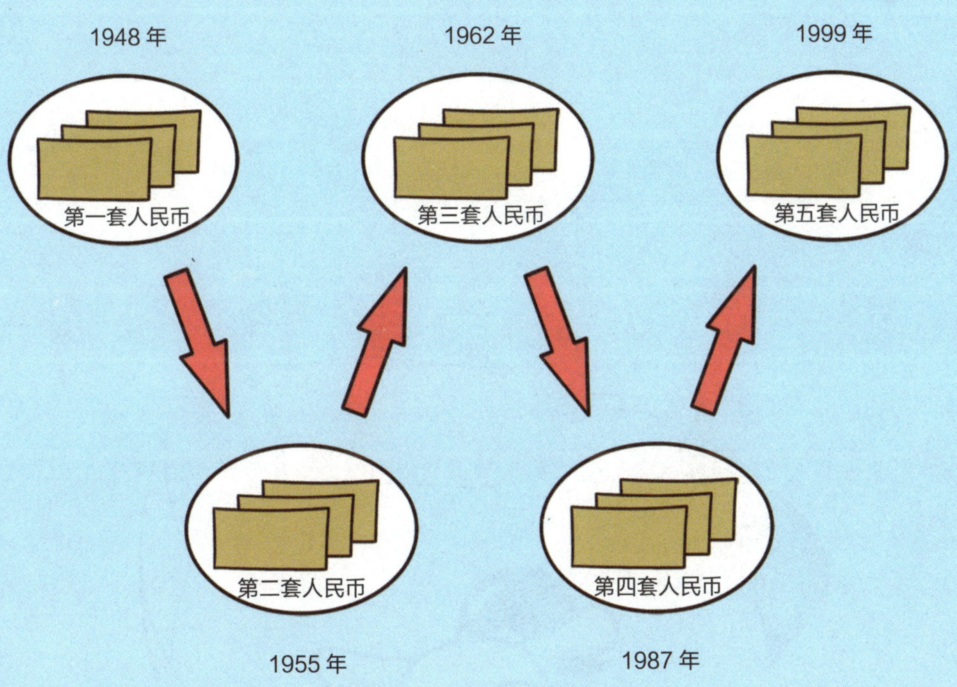

花花绿绿的外国货币

嗨，大家知道吗？在我们美丽的地球上分布着200多个国家和地区，几乎每个国家和地区都有自己的货币，而纸币有红色的、绿色的、橙色的……真是绚丽多彩呢。我们一起认识一下各种外国货币吧！

我们中国的纸币最先登上历史舞台，独领风骚好几百年！然后，其他国家才陆续加入了“有纸币一族”。如今，一些纸币经过数百年的发展，已经成为纸币队伍中的佼佼者了，例如英镑、美元、欧元、人民币、日元等。

英国的货币叫英镑，主要由英国的中央银行英格兰银行发行，在世界货币史中的地位举足轻重。

最初，英国民间的金匠铺扮演着银行的角色。当时的金匠铺是专门为商人收存钱币的商铺，和我国宋朝的交子铺很像。

英国的金匠铺收下商人的金银币后，会给商人写一张收据，以便商人拿着它来领取钱币。这时的收据还只是收据，不是英镑。

17 世纪下半叶，英国的金匠铺增加了很多功能，如存款、放贷、发行存款票据等，变身为“金匠银行”。当时的存款票据既方便携带，又能买东西，很快就成为英国人信赖的流通货币。它有了后来出现的英镑的一些功能，但还不是英镑。

到 1694 年 7 月，英格兰银行成立，开始发行银行券。英格兰银行的银行券非常受宠，就连民间的金匠银行都在英格兰银行开设了账户。

1833 年，英国议会将银行券定为法定货币，和黄金平起平坐。1928 年，英国议会再次给银行券升级，让它成为英国唯一的纸币，也就是现代英镑。

英镑纸币的面值很固定，只有 5 英镑、10 英镑、20 英镑和 50 英镑。但是英镑纸币的外观却在不断变化，每隔几年英镑纸币上的人像就会更换一次，新鲜感十足。英镑纸币上面的人像是来自英国各个领域的大名人。

例如，在新版 5 英镑钞票上，正面是英国女王的头像，背面是温斯顿·丘吉尔的头像；10 英镑钞票上，正面是英国女王的头像，背面是英国女作家简·奥斯汀的头像；20 英镑钞票上，背面是英国浪漫主义风景画家特纳的头像。

一直到 20 世纪初期，英镑都是地位非常高的国际货币。可是自从第一次世界大战之后，英镑的地位逐渐被美元所取代。

美元，即美国政府发行的货币，虽然出现的时间比英镑晚一些，但是在国际上却有较大影响力。

美元诞生后，发展势头非常凶猛。

第一次世界大战期间，美国通过出售武器赚得盆满钵满，美元的地位也得到提升。

第二次世界大战结束后，欧洲各国、中国、日本等都受到了重创，唯独美国非但没有受损，还发了财，成为世界上黄金最多的国家。在强大国力的支持下，美元升级为国际货币体系的中心货币，所有货币都围着美元转。

而提起欧洲的货币，第一个跳入我们脑海的就是欧元。欧元于 1999 年诞生，目前是欧洲 19 个国家通用的货币。

为什么欧洲这么多国家都用欧元？欧元是怎么诞生的？

其实早在欧元诞生之前，欧洲每个国家都有自己的货币。法国有法郎，德国有马克，意大利有里拉……

但是第二次世界大战结束后，美国和苏联迅速强大起来，成为超级大国，欧洲的各个小国显得弱小无助。它们为了提升自己的竞争力，于是成立了欧洲联盟，简称“欧盟”。为了让欧盟内部的贸易往来更方便，欧洲部分国家决定发行统一的货币，欧元就产生了。

现在，欧元不仅在欧盟中的 19 个国家内畅通无阻，在欧洲的其他国家也很受欢迎，比如摩纳哥、梵蒂冈、黑山等。

再来看看我们的邻国日本的货币。日本很早就开始使用纸币了。不过日本发行过的纸币太多了。直到1871年，日本才统一发行新的纸币——日元。

我们现在见到的日元纸币的面值都非常大，有1000日元、5000日元、10000日元等。其实最初日元纸币的面值也很正常，不过第二次世界大战之后，日本政府大量发行纸币，导致国内出现严重的通货膨胀，日元迅速贬值，买一瓶矿泉水都需要100多日元。后来，为了便于人民使用，日本政府就提升了纸币的面值。

我国的另一个邻国——韩国，其纸币是参照日元的纸币发行的，面值也较大，有1000韩元、5000韩元、10000韩元、50000韩元四种。

虽然日元、韩元纸币的面值很大，但并不影响本国人民的正常使用。

非洲各国也有自己的纸币。埃及有埃及镑，阿尔及利亚有阿尔及利亚第纳尔，赤道几内亚、刚果（布）、加蓬等有中非法郎，南非有南非兰特，等等。这些纸币都非常精美，展示着这些国家的文化和风采。

非洲有一个非常小的岛国叫毛里求斯，是非洲为数不多的富国之一，被誉为“非洲瑞士”。这个国家的纸币上居然印着华人朱梅麟的头像！

朱梅麟是谁？他的头像怎么会登上毛里求斯的纸币？

朱梅麟出生于毛里求斯，是第二代华裔，在毛里求斯经商，生意越做越大，促进了当地经济的发展。后来毛里求斯遇到经济困难，朱梅麟慷慨解囊，帮助这个国家渡过了难关。因此，朱梅麟很受当地人的爱戴。他去世后，毛里求斯人为了纪念他，就把他的头像印在了 25 卢比的纸币上。

第7章

看不见、摸不着的数字货币

小朋友们，我发现了一个秘密：随着货币形式的不断发展变化，货币先后经历了从实物货币（比如贝壳、牛羊、粮食、农具等）到金属货币、纸币的发展过程。不管这些货币如何变身，都是看得见、摸得着的。可是近几年，纸币好像失宠了。我带大家看一看这到底是怎么回事吧！

现在，人们出门只要带上一部手机，“扫一扫”“刷一刷”就能轻松完成各种支付。从菜摊到超市，无现金支付无处不在。这不仅使人们的生活更便利，也节省了更多时间。

这种情况不只出现在我们的身边，在遥远的丹麦，只有少数人还在用现金，他们也在朝着无现金支付进军。

有人说，再这样下去，纸币就会退出历史舞台了。那么纸币真的会消失吗？

其实，无论是微信支付、支付宝支付还是刷各种银行卡、信用卡，刷的都是我们储存在账户里的钱。我们的确没有使用纸币，但我们使用的是纸币的电子形式——电子货币。

简而言之，没有纸币哪儿有什么支付宝、微信支付啊！纸币一时半会儿还是不会消失的。

原本电子货币已经很方便了，但近些年又出现了数字货币。数字货币是电子货币的替身，可以像电子货币一样交易。近几年数字货币的发展势头很猛。

数字货币的流通范围取决于信任它们的人群。可见，即使是看不见、摸不着的东西，只要有人相信它，它就会有价值。

有人说，纸币之所以能成为货币，是因为国家赋予了纸币价值，我们也就相信了它的价值。而数字货币是不是也有可能成为通用货币呢？的确有可能！

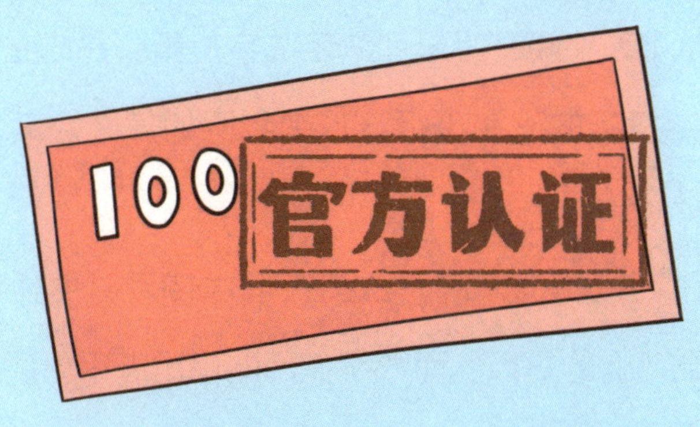

现在，很多国家都在马不停蹄地研究数字货币，例如英国、瑞士、挪威、乌克兰、俄罗斯、美国、加拿大、日本、泰国等。2018 年 12 月，乌克兰中央银行完成了国家数字货币“电子格里夫尼亚”的试点计划。俄罗斯政府也在积极地筹划发行加密货币“加密卢布”。似乎一场全球范围的数字货币盛宴就要开席。

我国从 2014 年开始研究法定数字货币，并成立了专门研究法定数字货币的研究小组。目前我国的部分地区已经开始试点法定数字货币。

从贝币到纸币，人们一直都在追求使用时更便利、更安全，材质更环保的货币。而数字货币的确比纸币更便利、更安全、更环保。它不需要生产材料，安全系数也更高，只要互联网不出问题，我们账户里的货币就不会丢。所以一些经济学家认为，未来很有可能是数字货币的天下。